Bibliografische Information der Deutschen Nationalbibliothek:

Die Deutsche Bibliothek verzeichnet diese Publikation in der Deutschen Nationalbibliografie; detaillierte bibliografische Daten sind im Internet über http://dnb.d-nb.de/ abrufbar.

Impressum:

Druck und Bindung: Books on Demand GmbH, Norderstedt Germany
ISBN: 9783668910966

Dieses Buch bei GRIN:

https://www.grin.com/document/463435

Isabelle Geiger

Kleinbauern in Entwicklungsländern: Gewinner des fairen Handels?

Eine Analyse und Bewertung am Beispiel des Kaffees

GRIN Verlag

Kleinbauern in Entwicklungsländern: Gewinner des Fairen Handels?

Eine Analyse und Bewertung am Beispiel des Kaffees

Wissenschaftliche Hausarbeit im Fach Geographie

an der Pädagogischen Hochschule Karlsruhe

INHALTSVERZEICHNIS

ABBILDUNGSVERZEICHNIS

1. EINLEITUNG

Der Markt mit Fair Trade Produkten wächst stetig. Die Anzahl der bewussten Käufe von Produkten aus dem Fairen Handel steigt. Wenn der Verbraucher einen Artikel mit Fair Trade Siegel in seinen Einkaufswagen legt, dann trifft er damit eine Entscheidung, deren positive Konsequenzen, vor allem die angemessene Vergütung für die Produktion von Rohstoffen, am anderen Ende der Welt spürbar sind. Kleinbauern in Entwicklungsländern wie Kenia oder Lateinamerika die durch den Fairen Handel unterstützt werden, können ihren Lebensunterhalt und die nächste Ernte sichern. Entgegen der Logik der globalisierten Wirtschaft werden sie so nicht von Importeuren und Großhändlern der Industrieländer ausgebeutet. Viele Länder der Dritten Welt werden bis heute im internationalen Handel benachteiligt. Es herrscht ein großes Ungleichgewicht zwischen Industrie- und Entwicklungsländern. Reichtum, Massenkonsum und Macht auf der einen, Armut, Ausbeutung und Hilflosigkeit auf der anderen Seite. Mit der Hilfe des Fairen Handels soll dieses Ungleichgewicht reduziert und den Kleinbauern in den Entwicklungsländern geholfen werden. Eine schöne Theorie, aber wie sieht es in der Praxis aus? Immer mehr Gütesiegel für Fairen Handel drängen auf den Markt – mit hohem Zuspruch von Verbraucherseite. Aber ist auch fair drin, wo fair drauf steht? Und kann der Verbraucher immer damit rechnen, dass der Erlös der Fair Trade Produkte, die er kauft, den Bauern in den südlichen Anbaugebieten zukommt? Vor allem durch die Einbeziehung konventioneller Unternehmen hat es eine Veränderung auf dem Absatzmarkt fair gehandelter Produkte gegeben. Wenn heute jeder Verbraucher die Produkte mit dem Fair Trade Siegel im Supermarkt um die Ecke kaufen kann, stellt sich ganz offensichtlich die Frage, ob das Hauptziel der einstigen Hilfsorganisation Fair Trade, den Kleinfarmern in den Entwicklungsländern den Zugang zum Weltmarkt zu gewähren und ihre Lebens- und Arbeitssituation zu verbessern, noch im Fokus steht. Oder handelt es sich hier mittlerweile um eine Marktorientierung und um eine damit einhergehende Integration in den Mainstream? Dieser Frage gilt es im Verlaufe der Arbeit nachzugehen und sie vor allem am Beispiel des traditionellsten Fair Trade Produktes, dem Kaffee, zu analysieren.

2. Die Struktur des Weltmarkts

Um die Problematik rund um den Fairen Handel zu verstehen, ist zunächst ein Einblick in das Welthandelssystem nötig. Dabei geht es vor allem um die Frage, ob und in welchem Maße Ungleichgewichte zu Ungunsten der Entwicklungsländer festzustellen sind und inwieweit die Entwicklungsländer in den internationalen Handel eingebunden sind.

Mit der Globalisierung verändert sich auch die Struktur des Welthandels in einigen Teilen. Es vollzieht sich eine dynamische Entwicklung des Außenhandels und des internationalen Kapitalverkehrs. Während die Außenhandelstheorie vom Prinzip des Freihandels ausgeht, kommt es in der Realität zu vielfältigen Formen von Handelshemmnissen.[1] Man kann hier zwischen tarifären und nicht tarifären Handelshemmnissen unterscheiden, welche den internationalen Handel in hohem Maße beeinflussen. Tarifäre Hemmnisse sind in erster Linie Zölle, somit staatliche Abgabenerhebungen, welche primär durch die Quantität der importierten Güter bestimmt werden. Im Gegensatz dazu handelt es sich bei den nicht tarifären Hemmnissen um vom Staat eingesetzte Handelshemmnisse, die keine Zölle darstellen. Sie werden verstärkt angewandt, wenn tarifäre Handelshemmnisse durch internationale Vereinbarungen limitiert sind. Zu ihnen gehören beispielsweise Subventionen und ökologische oder soziale Standards. Ziel der Beschränkungen ist der Schutz von Branchen im eigenen Land. Diesen Schutz einzelner inländischer Wirtschaftszweige nennt man Protektionismus.[2] Das Konzept des Fairen Handels entstand aus der Kritik am Protektionismus heraus und soll dazu beitragen, dass Kleinbauern in Entwicklungsländern am internationalen Handel teilnehmen und auch von ihm profitieren können.

Die wichtigste für den Außenhandel zuständige Organisation, aus der Uruguay Runde 1994 entstanden, ist die World Trade Organisation (WTO). Vorrangiges Ziel der WTO ist der Abbau weltweiter tarifärer und nicht tarifärer Handelshemmnisse, das heißt die Liberalisierung des internationalen Handels.[3] Ein weiteres Ziel der WTO ist es, vorhersehbare und transparente Handelspolitiken zu gewährleisten. Daneben wird den Interessen und der Integration der Entwicklungsländer in die multilaterale Handelsordnung besondere Beachtung geschenkt. Die WTO lässt sich in vier eigenständige Organisationen unterteilen: General Agreement of Tariffs and Trades (GATT), General Agreement on Trade in Services (GATS), Dispute Settlement Boards (DSB) und Trade-Related Aspects of Intellectual Property Rights (TRIPS).

---

[1] Vgl. von Hauff/Claus 2013 S. 25
[2] Vgl. Leser 2011
[3] Vgl. BMZ 2014a

Beim GATT handelt es sich um das Allgemeine Zoll- und Handelsabkommen. Es trat 1948 in Kraft, somit wesentlich früher als die WTO, und bestimmte 50 Jahre lang die Regeln des internationalen Handels.[4] Ziel war die Förderung der weltwirtschaftlichen Entwicklung und des Wohlstands durch den Abbau von Handelshemmnissen und die Schlichtung von Handelskonflikten.1995 wurde das GATT in seiner Funktion durch die WTO abgelöst, ist aber weiterhin ein wichtiger Bestandteil der WTO. Das GATS ist das Allgemeine Übereinkommen über den Handel mit Dienstleistungen. Hauptanliegen des GATS ist die multilaterale Liberalisierung des Dienstleistungsverkehrs. Es wurde 1995 mit der WTO gegründet und bildet zusammen mit dem GATT und dem TRIPS die drei wesentlichen Bestandteile der WTO. Beim TRIPS handelt es sich um das Abkommen zum Schutz handelsbezogener geistiger Eigentumsrechte. Gebiete wie Patente, Urheberrechte und Markenzeichen werden dabei mit einbezogen. Die vierte Organisation, das Dispute Settlement Board, ist die Streitschlichterinstanz der WTO. Die Hauptaufgabe besteht darin, Verstöße gegen die Handelsregeln zu untersuchen und zu einer Schlichtung zu führen.

Die WTO legt ihre Abkommen in Handelsrunden fest. Zurzeit läuft die sogenannte Doha-Runde, besser bekannt unter dem Namen „Entwicklungsagenda“. Die Doha-Runde ist die jüngste Welthandelsrunde.[5] Sie will den globalen Handel liberalisieren. Auf entsprechende Verhandlungen verständigten sich die WTO-Mitglieder 2001 in der Hauptstadt des Emirats Katar. Ziel ist die Verbesserung der Handelsaussichten von Entwicklungsländern, wie zum Beispiel durch den Abbau von Zöllen sowie Import- und Exportbeschränkungen. Der Westen fordert freien Zugang für seine Waren und Dienstleistungen zu den Märkten von Schwellenländern. Diese wollen wiederum, dass die EU und USA Agrarsubventionen abbauen und ihre Märkte für Agrarprodukte von Entwicklungsländern öffnen. Wichtig ist vor allem, dass das Augenmerk auf die Verbesserung der Position der Entwicklungsländer auf dem Weltmarkt gelegt wird. Innerhalb der Doha-Runde bilden sich zahlreiche Ländergruppen, die verschiedene Interessen vertreten. Für die Entwicklungs- und Schwellenländer bieten diese Ländergruppen eine Chance, sich zusammenzuschließen und somit ein Gegengewicht gegen die USA und die EU zu bilden. Die Verhandlungen verlaufen jedoch aufgrund der verschiedenen Interessenskonflikte schleppend. Erst 2013 gab es auf der WTO-Konferenz in Bali einen scheinbaren Durchbruch. Die Welthandelskonferenz hat sich auf ein Abkommen zum Abbau von Handelsschranken geeinigt. Für die Entwicklungsländer wäre dies eine Chance zur Verbesserung gewesen. Doch auch die Verhandlungen in Bali sind letztendlich aufgrund des Widerstandes von Indien gescheitert.[6] Dies stellte für alle einen herben Rückschlag dar, vor allem für die Entwicklungsländer. Dadurch, dass die Verhandlungen innerhalb der WTO auf-

[4]Vgl. von Hauff/ Claus 2013 S. 30
[5]Vgl. BMZ 2014b
[6]Vgl. Frankfurter Allgemeine Zeitung 2014

grund der großen Anzahl der Nationen und der damit einhergehenden großen Interessenssparte, schwierig und langwierig sind und es bis heute noch nicht zu nennenswerten Ergebnissen gekommen ist, treten einige neue Probleme auf dem Weltmarkt auf. Zum einen kommt es zu Verhandlungen zwischen verschiedenen Nationen, bei denen zwar Handelshemmnisse abgebaut werden, von denen allerdings nur die beteiligten Länder profitieren. Außerdem spielen multinationale Unternehmen auf den internationalen Märkten eine immer größere Rolle. Durch die Liberalisierung der Märkte besteht die Chance für die Unternehmen, sich über Ländergrenzen hinaus zusammenzuschließen. Die daraus entstehenden Global Player können erheblichen Druck im internationalen Wettbewerb ausüben. Nicht zuletzt stellt der Strukturwandel eines der größten Probleme dar. Die Verteilung des Welthandels auf die unterschiedlichen Sektoren hat sich in den letzten Jahrzenten stark gewandelt wie die folgende Abbildung zeigt.

	1997		2002		2008		2011	
Landwirtschaft	580	8,8%	583	7,4%	1.342	7,0%	1.660	7,6%
Bergbau & Öl	598	9,0%	790	10,1%	3.530	18,5%	4.008	18,2%
Industriegüter	3.927	59,4%	4.709	60,1%	10.458	54,7%	11.511	52,4%
Dienstleistungen	1.310	19,8%	1.570	20,0%	3.780	19,8%	4.170	19,0%
Andere	195	3,0%	188	2,4%	0	0,0%	637	2,9%
Gesamt	**6.610**		**7.840**		**19.110**		**21.986**	

Abbildung 1: Weltexporte in den Jahren 1997, 2002, 2008 und 2011 in Mrd. US Dollar und Anteil in % (Quelle: von Hauff / Claus 2013 S. 36)

Der Anteil des primären Sektors, also der Agrar- und Rohstoffe, an den Weltexporten machte 2011 nur noch einen Anteil von 7,6% aus, wohingegen der sekundäre Sektor, also der Handel mit Industriegütern, mit 52,4% den größten Anteil am Welthandel hatte. Für die Entwicklungsländer und ihre Stellung im Weltmarkt ist jedoch insbesondere der primäre Sektor von großer Bedeutung.[7] Welche Probleme in den Entwicklungsländern aufgrund der Struktur des Welthandelssystems auftreten und wo die aktuelle Position der Entwicklungsländer im Welthandel liegt wird im Folgenden genauer beleuchtet.

[7]Vgl. von Hauff/ Claus 2013 S. 36

2.1. Die Position der Entwicklungsländer auf dem Weltmarkt

„Jeder profitiert von der Öffnung von Märkten, vorausgesetzt, das findet fair statt. Was Entwicklungsländer betrifft, darf man sagen, dass Globalisierung sie im Stich gelassen hat."
(Chris Patten, EU-Außenkommissar (2003-2004) und letzter britischer Gouverneur in Hongkong)[8]

Dieses Zitat beinhaltet viel Wahres, denn bisher brachte die Globalisierung einige Gewinner und zahlreiche Verlierer hervor. Die Entwicklungsländer sind als Lieferanten von Rohstoffen zwangsverpflichtet worden. Es fehlt an der Teilnahme großer Teile der Bevölkerung an politischen Entscheidungen und deren Teilhabe an wirtschaftlichem Wohlstand. Dies liegt vielerorts an dem Mangel notwendiger Grundvoraussetzungen wie Bildung und soziale und materielle Infrastruktur.[9] Einen ersten Eindruck der Ungleichverteilung vermittelt das folgende Schaubild.

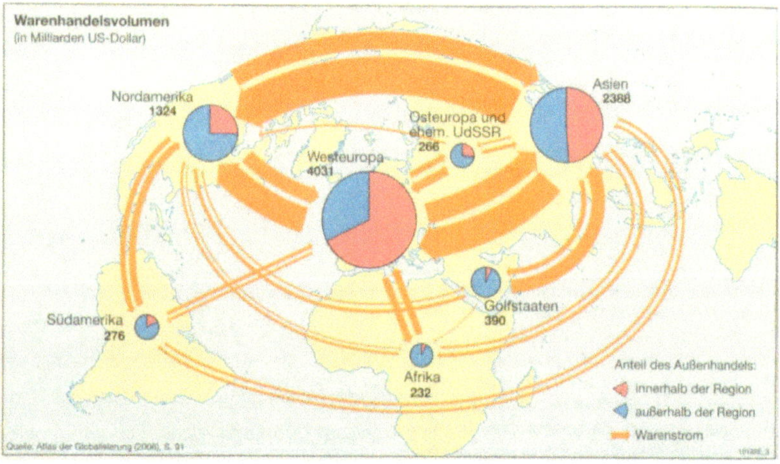

Abbildung 2: Welthandelsströme (Quelle: Latz 2007 S. 246)

Es hat sich eine Triade gebildet, in der die Hauptströme des Welthandels zwischen Nordamerika, Europa (insbesondere der EU) und Asien (insbesondere die ostasiatischen Staaten) fließen. Regionen wie Afrika und Südamerika sind bisher am Welthandel nur in relativ geringem Maße beteiligt. Einigen wenigen Entwicklungsländern gelang es, sich stärker in den Weltmarkt zu integrieren; diese sind vor allem auf dem asiatischen Kontinent zu finden. Außerdem verdeutlicht das Schaubild den starken Handel innerhalb der Regionen. Auffallend hoch ist hier der innereuropäische Handel. Heute kommt ein Drittel der Weltexporte aus

---
[8]Vgl. Scholz 2007 S. 38
[9]Vgl. Latz 2007 S. 246

der Gruppe der Entwicklungsländer. Eindeutige Verlierer sind hierbei Afrika und Lateinamerika. Ihre Anteile am Weltexport sind seit 1953 erst leicht gefallen und in den letzten Jahren um 2008, leicht gestiegen.[10] Jedoch ist das Wachstum im Vergleich zum asiatischen Kontinent denkbar klein. Gründe hierfür sind unter anderem schlechte Transportwege, fehlende Kommunikationsinfrastruktur und die Instabilität einiger politischer Systeme.

Im Zusammenhang mit den Ungleichheiten zwischen den Ländern und Kontinenten spricht man häufig von der globalen Fragmentierung. Sie drückt sich im Nebeneinander von individuellem und regionalem Reichtum und massenhafter, weit verbreiteter Armut aus.[11] Abbildung 3 soll dies verdeutlichen.

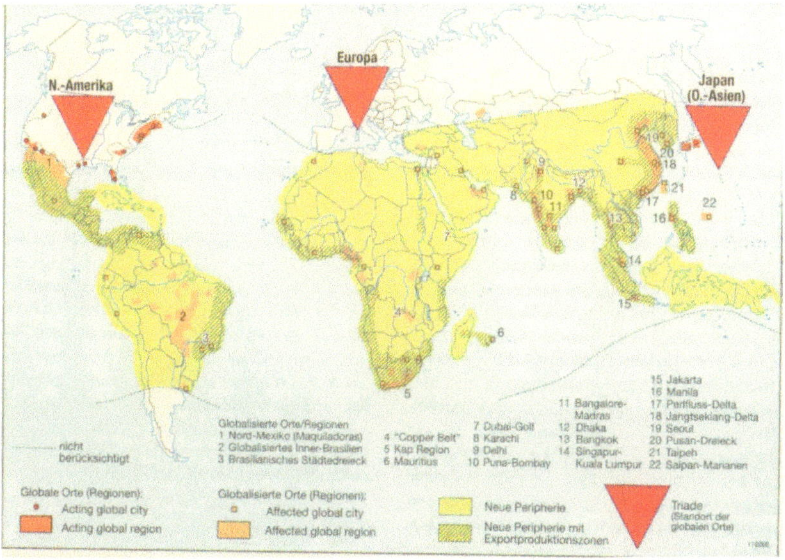

Abbildung 3: Karte der globalen Fragmentierung (Quelle: Latz 2007 S. 250)

Im Schaubild ist wiederum die bereits erwähnte Triade zu erkennen, in der sich die Standorte der globalen Orte befinden, unter anderem auch viele der sogenannten Global Cities. Unter Global Cities versteht man die dominierenden Zentren des wirtschaftlichen und gesellschaftlichen Geschehens in den Industrieländern.[12] Eng verbunden mit den Global Cities sind die globalisierten Orte wie zum Beispiel Bangkok. Hierbei handelt es sich um Regionen der Hightech-Dienstleistungen und der Billiglohn- und Massenkonsumgüterproduktion. Fragmen-

[10] Vgl. von Hauff/ Claus 2013 S. 45
[11] Vgl. Giese/ Mossig/ Schröder 2011 S. 132
[12] Vgl. ebd. S. 134

tiert von den Global Cities und den globalisierten Orten befindet sich die neue Peripherie. Die neue Peripherie zeichnet sich durch Merkmale aus, die normalerweise charakteristisch für Dritte Welt Länder sind: ein geringes BIP, hohe Arbeitslosigkeit, unzureichende Infrastruktur, ein hohes Bevölkerungswachstum und ein geringer Bildungsstand. Nicht zuletzt ist die bedeutende Rolle des primären Sektors zu nennen. Bei dem primären Sektor handelt es sich um Rohstoffe.[13] Sowohl agrarische Rohstoffe als auch mineralische Rohstoffe werden aus den Entwicklungsländern zum größten Teil exportiert. Das bedeutet, dass fast jedes Entwicklungsland in unterschiedlichem Maße abhängig ist von seinen Erzeugnissen. Es wird deutlich, wie bedeutend der Rohstoffexport für die Entwicklungsländer ist. Die Länder sind angewiesen auf den Export, welcher durch Protektionismus und Handelshemmnisse der Industrieländer und durch die schwankenden Weltmarktpreise zusätzlich erschwert wird.

In der Summe ergeben sich für die Entwicklungsländer zahlreiche Hindernisse, die es den Produzenten erschweren, auf dem internationalen Markt aktiv zu werden und mit Produkten aus den Industrieländern zu konkurrieren. Des Weiteren beschränkt die geringe Verfügbarkeit von finanziellen Mitteln die Verbesserung der Infrastruktur und somit auch die Chance, die Rohstoffe im eigenen Land weiterzuverarbeiten. Auf der Grundlage dieser Disparitäten und Hemmnisse wurde das Konzept des Fairen Handels entwickelt, welches im Folgenden erläutert werden soll.

3. Das Konzept und die Bedeutung des fairen Handels

3.1. Die historische Entwicklung

Die Geschichte des Fairen Handels lässt sich insgesamt in vier Phasen unterteilen:[14]

Erste Phase 1945 bis Ende der 1960er Jahre: Fairer Handel als Wohltätigkeit
Nach dem Zweiten Weltkrieg begann die religiös begründete Wohlfahrtsorganisation „Ten Thousand Villages" Handwerksprodukte aus Puerto Rico zu importieren und über das kircheneigene Netzwerk zu verkaufen. Dreizehn Jahre später öffnete in den USA das erste Fair Trade Geschäft. Es entstand der Begriff der „Dritten Welt", welcher noch heute als Synonym für die Entwicklungsländer verwendet wird. Schon damals entwickelte sich langsam das Verständnis für die ungerechte Behandlung der Entwicklungsländer im internationalen Handel. Aus unterschiedlichen Organisationen, die vor allem Handwerksprodukte aus Entwicklungsländern verkauften, entstanden die kirchlich organisierten „alternativen Handelsorganisationen" (AHO). Ein Hauptziel dieser Phase war es, die Gesellschaft auf den ungerechten Handel zwischen Industrie- und Entwicklungsländern aufmerksam zu machen.

[13]Vgl. Latz 2007 S. 373
[14]Vgl. von Hauff/ Claus 2013 S. 84-91

Zweite Phase Beginn der 1970er bis Mitte der 1980er Jahre: Fairer Handel als Handel aus Solidarität

Der Faire Handel entwickelte sich zu einer großen Solidaritätsbewegung aus der zahlreiche Organisationen entstanden; unter anderem eröffnete im Jahr 1969 der erste Weltladen in den Niederlanden und einige Jahre später kam es zur Gründung des ökumenischen Arbeitskreises „Entwicklungshilfe in Deutschland". Diese Entwicklung 1972 wird als „Geburt" des Fairen Handels in Deutschland gesehen. Das Fair Trade Netzwerk entwickelte sich stetig weiter und so kam im Jahr 1973 der Verkauf des ersten fair gehandelten Kaffees hinzu. Es kam verstärkt zum Import von Waren aus weniger entwickelten Ländern. Zuerst war der Handel mit fairen Produkten hauptsächlich angebotsorientiert; die Nachfrage der Kunden spielte eine untergeordnete Rolle. Auffällige Entwicklungen in der zweiten Phase waren die stärkere Verbindung der Produzenten im Süden mit den Partnern der Fair Trade Organisationen in den Industrieländern und das Festhalten am Ziel der Transformation zu einem gerechteren Regelwerk.

Dritte Phase Mitte der 1980er bis Ende der 1990er Jahre: Konsolidierung und Professionalisierung

Aufgrund der vorwiegenden Produzentenorientierung kam es zu erheblichen Verlusten bei vielen AHOs und letztendlich, durch Schwierigkeiten, sich an die veränderten Bedingungen anzupassen, zu Insolvenzen. Auch das internationale Kaffeeabkommen scheiterte 1989, weshalb jedes Land nun beliebig viel Kaffee produzieren und exportieren durfte. Die Lösung des Problems war die Einbeziehung der Nachfrage der Konsumenten und die Schaffung eines Gütesiegels, durch welches die fair gehandelten Produkte nun auch im konventionellen Handel verkauft werden konnten. 1988 wurde in den Niederlanden das erste Gütesiegel mit dem Namen „Max Havelaar" eingeführt. In Deutschland entstand die Siegelinitiative TransFair e.V. Zusammen mit weiteren Initiativen wurde ein Kontroll- und Zertifizierungssystem gegründet, mit dem garantiert wurde, dass die Produkte unter fairen Bedingungen produziert und gehandelt werden. Das erste Produkt mit einem Siegel war Kaffee. Um die wachsende Zahl aller am Fairen Handel beteiligten Akteure zu koordinieren, wurden Dachverbände gegründet, so zum Beispiel in Europa der Dachverband NEWS! (Network of European Worldshops). Hauptziel des Dachverbandes war die Markteffizienz zu erhöhen und einen verbesserten Informationsaustausch zu gewährleisten.

Vierte Phase Ende der 1990er Jahre bis zur Gegenwart: Stetiges Wachstum und zunehmende Kommerzialisierung

Aufgrund des starken Wachstums der Verkaufsmenge und dem daraus entstehenden Bedürfnis nach noch besserer Kooperation entstand 1997 die Dachorganisation der nationalen Siegelinitiativen FLO (Fair Trade International). Diese bewirkte die Vereinheitlichung der

Standards für die Produkte und den Handel und gleichzeitig wurde das gesamte Kontrollsystem zentralisiert und professioneller gestaltet. Aus diesem Grund kam es letztendlich zum informellen Zusammenschluss aller vier Dachorganisationen. Nach Meinung vieler Experten führt diese Entwicklung zur endgültigen Integration in den Mainstream, wodurch nun teilweise die Abgrenzung zum konventionellen Handel in Frage gestellt wird.

Um festzustellen ob wirklich eine Marktorientierung von Fair Trade Produkten stattfindet, die die festgelegten Ziele des Fairen Handels relativieren würde, ist es zuerst einmal nötig, sich genauer mit dem Fair Trade System zu beschäftigen. Daher wird dieses System im folgenden Abschnitt erläutert.

3.2. Grundsätze und Ziele des Fairen Handels

Wie im bisherigen Verlauf der Arbeit herausgestellt wurde, ist die Position der Entwicklungsländer im Weltmarkt trotz der Liberalisierung der Märkte weiterhin denkbar schlecht. Dies hat vor allem schlechte Arbeitsbedingungen und eine nicht angemessene Entlohnung zur Folge. Eine Grundvoraussetzung, um die wirtschaftlichen Ungleichheiten zwischen Industrie-, Schwellen- und Entwicklungsländern zu verringern und die systematische Benachteiligung der Entwicklungsländer zu überwinden, ist die Gestaltung von fairen weltwirtschaftlichen Rahmenbedingungen. Dazu gehören unter anderem ein weiterer Abbau von Zöllen und anderen Handelshemmnissen, Vermeidung von Diskriminierung und die Chancengleichheit bei Produktion und internationaler Vermarktung von Gütern. Bis heute schotten die Industrieländer jedoch ihre Märkte insbesondere gegen Agrarimporte aus den Entwicklungsländern ab.

Um diese Ungleichheiten zu reduzieren und ein Bewusstsein für nachhaltigen Konsum zu schaffen, wurde das Konzept des Fairen Handels entwickelt. Der zuvor erwähnte internationale Verbund Fairtrade International (FLO), dem auch Fairtrade Deutschland (TransFair e.V.) angehört, hat im Rahmen dieses Konzepts eine Reihe von Grundsätzen und Zielen des fairen Handels festgelegt, die als Grundlage dieser Arbeit dienen. Zunächst wird jedoch der Nachhaltigkeitsbegriff näher erläutert.

Als Grundlage des Nachhaltigkeitsgedanken wird häufig das Drei-Säulen-Modell genannt, bei dem die Säulen Ökologie, Ökonomie und Soziales nebeneinander stehen.[15] Bei der ökologischen Säule geht es hauptsächlich darum, natürliche Lebensgrundlagen nur in dem Maße zu beanspruchen, wie diese sich auch wieder regenerieren. Wichtige Punkte sind der Schutz von Artenvielfalt und Umwelt, die Erhaltung natürlicher Ressourcen und die integrier-

[15]Vgl. von Hauff/ Claus 2013 S. 61

te Abfallwirtschaft. Die ökonomische Säule umfasst nachhaltige Lebensgrundlagen, besseres Farmmanagement, besseren Marktzugang und angemessen Entlohnung. Bei der sozialen Nachhaltigkeit geht es um den Zugang zu Bildung und medizinischer Versorgung, um gesunde und faire Arbeitsbedingungen und um die gerechte Verteilung der Ressourcen.

Das Drei-Säulen-Modell wurde jedoch mehrfach kritisiert, da der Begriff der Nachhaltigkeit über der Säulenreihe steht und nicht in die drei Säulen integriert wird. Eine Weiterentwicklung stellt daher das integrierte Nachhaltigkeitsdreieck dar (Abbildung 4).

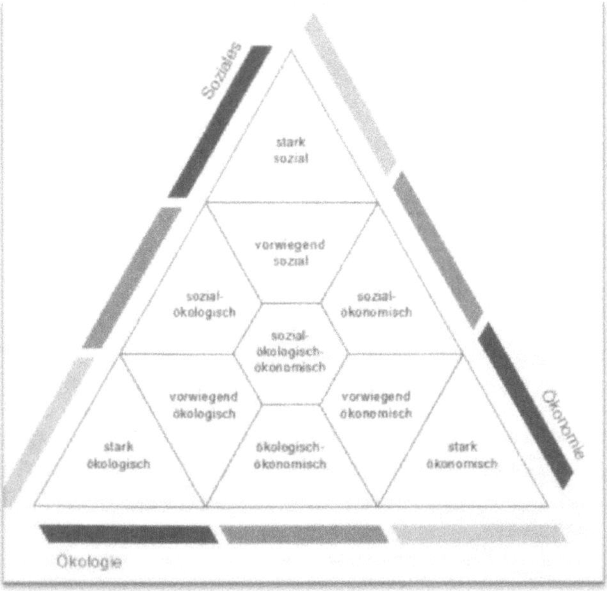

Abbildung 4: Das integrierte Nachhaltigkeitsdreieck (Quelle: von Hauff/ Claus 2013 S. 61)

Auch im integrierten Dreieck der Nachhaltigkeit finden sich die drei Dimensionen Ökologie, Ökonomie und die soziale Dimension wieder. Der Inhalt der jeweiligen Dimension ist im Grunde der Gleiche wie im Drei-Säulen-Modell, jedoch werden hier die Überschneidungen der drei Bereiche deutlich. Ein Handlungsfeld ganz links unten im Dreieck ist beispielsweise lediglich der Ökologie zugeordnet. Es wird also fast ausschließlich durch ökologische Begründungen bestimmt. Das Handlungsfeld in der Mitte des Dreiecks zielt gleichermaßen auf alle drei Bereiche ab und stellt somit ein zentrales Nachhaltigkeitsthema dar.

Bei der genaueren Betrachtung des Fair Trade Systems fällt auf, dass sich die Fair Trade Standards an den drei Dimensionen für eine nachhaltige Entwicklung – Soziales, Ökologie und Ökonomie – anlehnen (Abbildung 5). Die Standards liegen dem allgemeinen entwicklungspolitischen Ziel zugrunde, durch verantwortlichen Handel die Armut im globalen Süden abzubauen.[16]

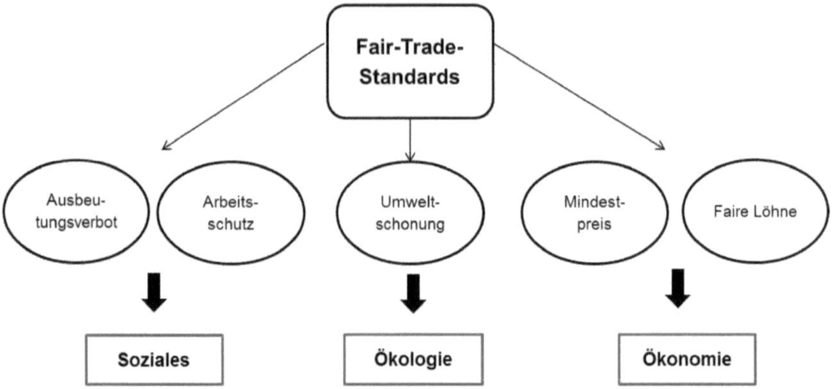

Abbildung 5: Fair Trade Standards (Eigene Darstellung auf Basis von Transfair e.V.)

Im Bereich Fair Trade und Soziales steht der Mensch im Mittelpunkt. Es geht vor allem um die Verbesserung der wirtschaftlichen und sozialen Situation, damit die Menschen im globalen Süden ihr Leben aktiv und frei von Existenzsorgen gestalten können. Dies geschieht unter anderem durch die Zertifizierung von Kleinbauernorganisationen und nachhaltig wirtschaftender Plantagen. Zudem wird den Produzenten eine Fair Trade Prämie gezahlt, über die sie in der Kooperative selbst entscheiden können, wofür sie sie einsetzen wollen. Ziel ist es, realistische Projekte auszuwählen, die einen Nutzen für alle Produzenten haben. Ein Beispiel hierfür ist die Kaffee-Kooperative La Florida.[17] Diese wurde in den 70er Jahren in der Region Chanchamayo in Peru gegründet, da die Kaffeebauern nur den Anbau des Kaffees in den Händen hatten, die Weiterverarbeitung und der Verkauf allerdings von Zwischenhändlern übernommen wurde. Seit 2005 ist La Florida Fair Trade zertifiziert und sichert den Bauern durch den Fair Trade Minimumpreis das Überleben. Außerdem wurden mit Hilfe der Prämien Straßen und Schulen gebaut und ein landwirtschaftliches Fortbildungszentrum für Kaffeebauern eingerichtet. Nicht zuletzt wurde ein Teil des Geldes für die Umstellung auf ökologischen Landbau genutzt.[18]

Ökologischer Landbau ist ein wichtiger Bestandteil im Bereich Fair Trade und Umwelt. Hier wird Wert auf die nachhaltige Ressourcennutzung und umweltverträgliche Produktionsweisen gelegt. Die Bedrohung der natürlichen Ressourcen und der Umwelt steigt besonders in

[16]Vgl. Transfair e.V. 2012a S. 5
[17]Vgl. ebd. S. 9
[18]Vgl. ebd. S. 16

Entwicklungsländern durch das stetige Bevölkerungswachstum weiter an. Hier versucht die Fair Trade Organisation, sämtliche landwirtschaftliche Fair Trade Produkte ressourcenschonend und umweltverträglich anzubauen. Es geht vor allem um die Einhaltung von Sicherheitsvorkehrungen und Arbeitsschutzmaßnahmen, um nachhaltiges Wassermanagement und um den Schutz der Biodiversität. Außerdem werden die Bauern bei der Umstellung auf biologischen Anbau unterstützt. Dadurch, dass die Produzenten sich bereits an die Fair Trade Umweltstandards halten müssen, ist der Weg zum biologischen Anbau häufig nicht mehr weit. Bereits 65 Prozent aller Fair Trade Lebensmittel tragen zusätzlich das Bio-Siegel. Durch die doppelte Zertifizierung erhalten die Bauern die doppelte Bezahlung; des Weiteren ist der Bio-Anbau gesundheitlich unbedenklich, da weniger schädliche Substanzen wie Herbizide und Pestizide verwendet werden.[19]

Nicht zuletzt ist Fair Trade ein Sicherheitsnetz für die Beschäftigten, welches im dritten Punkt Fair Trade und Ökonomie deutlich wird. Vor allem die schwankenden Weltmarktpreise sind für viele Bauern in den Entwicklungsländern ein Problem, weswegen der Fair Trade Mindestpreis, den es für die meisten Rohstoffe gibt, Stabilität sichert. Dieser Mindestpreis erleichtert die Planung, denn auch bei niedrigem Weltmarktpreis können die Bauern mit ihm rechnen. Ein weiteres Element des Konzeptes ist die Vorfinanzierung. Das bedeutet, dass die Bauern außerhalb der Erntezeit einen Teil der Bezahlung für ihre Produkte im Voraus erhalten. Damit können sie beispielsweise Rohmaterialien und Saatgut kaufen. Die Kleinfarmer müssen sich somit nicht mehr verschulden, um die Produktion und die Produktionsmaterialien finanzieren zu können. Ein weiteres Ziel des Fairen Handels ist es, langfristige Handelsbeziehungen mit den Importorganisationen zu garantieren. Die Produzenten sind dadurch in der Lage, die Herstellung und den Vertrieb ihrer Produkte und damit ihre Wirtschaftlichkeit zu planen. Es geht vor allem darum, den Zwischenhandel weitestgehend auszuschalten und die Abhängigkeit der Kleinbauern von Zwischenhändlern zu minimieren.[20] Dies geschieht durch Zusammenschlüsse von Kleinbauern in sogenannte Kooperativen. So können größere Mengen produziert und dadurch höhere Gewinne erzielt werden. Außerdem stärkt sie die Verhandlungsposition der Kleinbauern und ermöglicht die gemeinsame Finanzierung von Ausrüstung, Saatgut und Dünger. Nicht unwichtig ist die Bündelung von Wissen und Erfahrungen, welche die Bauern in den Kooperativen austauschen können. Anhand der Fair Trade Standards ist zu sehen, dass der Verkauf der Produkte – vorausgesetzt die Standards werden eingehalten –durchaus zur Verbesserung der Lebensbedingungen der Menschen führt.

[19]Vgl. Transfair e.V. 2012a S. 10
[20]Vgl. von Hauff/ Claus 2013 S. 96

Nachdem die Fair Trade Standards erläutert wurden, wird im Folgenden genauer auf die Organisation des Fairen Handels eingegangen. Im Bereich des Fairen Handels gibt es eine Vielzahl von Akteuren und Organisationen. Wie das internationale Fair Trade Netzwerk aufgebaut ist, lässt sich anhand des folgenden Schaubilds erläutern.

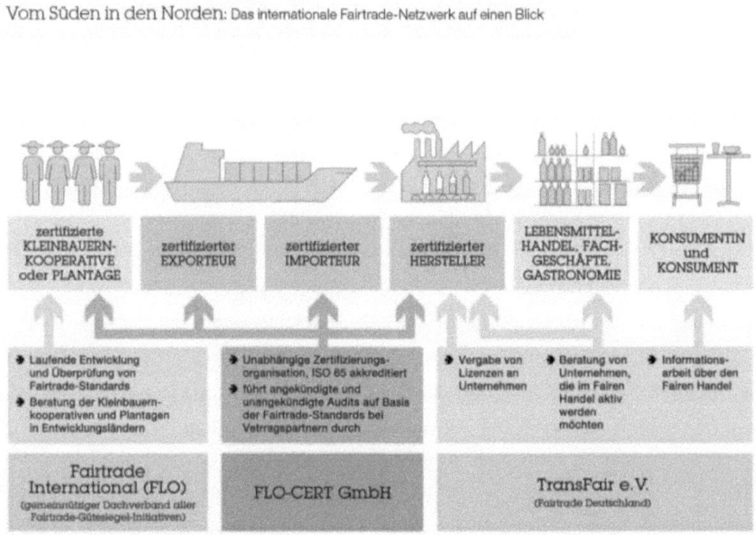

Abbildung 6: Das internationale Fair Trade Netzwerk (Quelle: Transfair e.V. 2012a S. 4)

Die Mission von Fair Trade ist es, die Produzenten und Konsumenten zu verbinden und die Produzenten zu unterstützen, damit sie die Armut aus eigener Kraft überwinden, ihre Stellung stärken und ihr Leben selbst bestimmen können.[21]Angefangen wird im Süden bei den Kleinbauern und Kooperativen, die von FLO beraten und deren Produktion anhand der Fair Trade Standards dauerhaft überprüft wird.

Von großer Bedeutung in diesem Bereich sind die drei kontinentalen Fair Trade Produzentennetzwerke, *Fairtrade Africa, Coordinator of Fairtrade Latin America and The Network of Asian and Pacific Producers*, die gleichberechtigt an allen Entscheidungen teilhaben. Vor allem die Unterstützung der Produzenten vor Ort wird an die Produzentennetzwerke übergeben, und somit ergibt sich eine Ausweitung der Verantwortlichkeit. Des Weiteren spielt auch die FLO-CERT GmbH eine Rolle, eine weitere Zertifizierungs- und Kontrollorganisation unabhängig von der FLO. Die FLO-CERT GmbH stellt sicher, dass die Produkte mit dem Fair

[21]Vgl. Transfair e.V. 2012a S. 4

Trade Siegel nach den internationalen Fair Trade Standards produziert und gehandelt werden.[22] Alle an der Fair Trade Handelskette beteiligten Organisationen, Firmen, Produzentenorganisationen, Exporteure und Importeure unterliegen dem strengen Kontrollsystem von FLO-CERT. Wichtigstes Kontrollinstrument ist in allen Bereichen die Durchführung und Auswertung von Inspektionen nach einheitlichen Verfahren. So wird sichergestellt, dass alle gesiegelten Produkte tatsächlich fair gehandelt wurden und die Mehreinnahmen den Produzentenorganisationen in den südlichen Ländern zufließen. Die FLO-CERT GmbH arbeitet mit einem weltweit anerkannten und transparenten System, welches den Anforderungen der DIN ISO Norm 65 folgt. ISO 65 ist heute die weltweit akzeptierte Akkreditierungsnorm für Zertifizierungsorganisationen. In den jeweiligen Ländern gibt es eigene Unterorganisationen von der FLO-International. In Deutschland ist das die oben bereits erwähnte Transfair e.V. Ihre Aufgabe besteht vor allem darin, auf Fair Trade Produkte aufmerksam zu machen, die Konsumenten zu informieren und die Geschäfte und Gastronomiebetriebe zu beraten. Wie Abbildung 7 zeigt, entwickelt sich der Umsatz mit Fair Trade Produkten positiv. 2004 kauften Verbraucher/innen in Deutschland Hochrechnungen zufolge Fair Trade Waren im Gesamtwert von 50 Millionen Euro. 2013, 9 Jahre später, betrug dieser Wert 654 Millionen Euro. Damit gaben die Bürger pro Kopf im Jahr rund 8 Euro für faire Produkte aus. Seit dem Start des Fairen Handels mit Gütesiegel 1992 wurden über drei Milliarden Euro umgesetzt.[23]

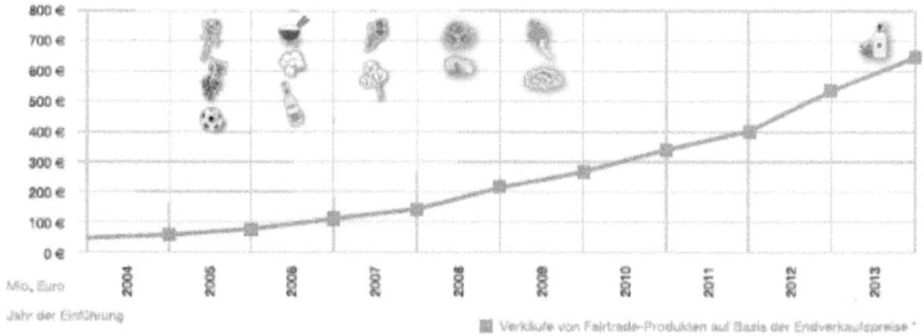

Diese Entwicklung ist zu begründen mit dem wachsenden Bewusstsein für nachhaltigen Konsum und mit dem breiter werdenden Produktangebot mit Produkten wie Kaffee, Tee und Schokolade, die es seit dem Einführungsjahr 1992 gibt, bis hin zu Eiscreme, Gewürzen und Wein. Wie in Abbildung 8 zu sehen ist, hat das Traditionsprodukt des Fairen Handels, der Kaffee, mit 44 Prozent den größten Anteil am Gesamtumsatz. Aufgrund dessen werden im

Abbildung 7: Umsatzentwicklung (Quelle: Transfair e.V. 2014 S. 9)

[22] Vgl. FLO-CERT 2014
[23] Vgl. Transfair e.V. 2014 S. 14

weiteren Verlauf der Arbeit der Kaffeehandel und die Organisation des Fairen Handels mit Kaffee thematisiert.

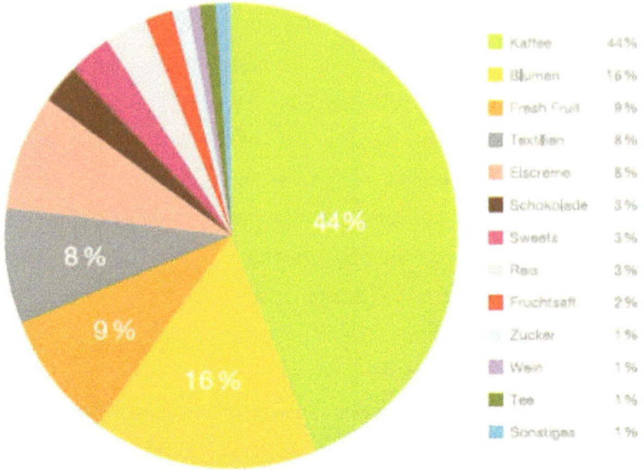

Abbildung 8: Umsatzverteilung nach Produktkategorien (Quelle: Transfair e.V. 2014 S. 9)

4. Fair Trade am Beispiel des Welthandelsgutes Kaffee

4.1. Der Kaffee auf dem Weltmarkt und seine Bedeutung für Entwicklungsländer

Kaffee ist seit der Kolonialzeit eines der beliebtesten Getränke der Industrieländer. Allein in Deutschland lag der Kaffeeverbrauch pro Kopf im Jahr 2013 bei knapp 7,3kg.[24] Wo früher die Kolonien waren, sind heute hauptsächlich Entwicklungsländer zu finden. Für sie ist Kaffee eines der wichtigsten Exportprodukte und nicht selten herrscht eine große Abhängigkeit vom Kaffeeexport. Die wichtigsten Anbauländer, die Kaffee exportieren, liegen in Süd- und Mittelamerika gefolgt von asiatischen und afrikanischen Produzentenländern. Weltweit mit Abstand größter Rohkaffee-Exporteur ist seit Jahren Brasilien mit rund 28 Millionen Sack. An zweiter und dritter Stelle folgen Vietnam und Indonesien mit rund 20 Millionen bzw. 9 Millionen Sack Kaffee (siehe Abbildung 9).

---

[24] Vgl. Deutscher Kaffeeverband 2013 S. 6

WELTWEITE ROHKAFFEE-EXPORTE NACH URSPRUNGSLÄNDERN
(In Millionen Sack Rohkaffee à 60 kg)

Kaffeejahr*	2010/11	2011/12	2012/13
Exporte Gesamt	95,1	96,1	100,7
Brasilien	31,1	25,5	27,8
Vietnam	16,8	21,6	19,9
Indonesien	4,4	5,3	9,2
Kolumbien	7,4	6,7	8,2
Honduras	3,9	5,5	4,3
Peru	4,2	4,7	3,9
Guatemala	3,7	3,7	3,7
Uganda	3,1	2,7	3,6
Indien	4,2	3,8	3,5
Äthiopien	3,0	2,8	3,2
Andere Länder	13,3	13,8	12,7

* Oktober bis September

Quelle: ICO

LÄNDERVERGLEICH: NETTO-IMPORTE* VON KAFFEE IN ALLEN VERARBEITUNGSFORMEN
(In 1.000 Sack Rohkaffee à 60 kg)

Kaffeejahr**	2010/11	2011/12	2012/13
EU Gesamt	40.938	40.722	42.305
USA	22.161	23.155	23.613
Deutschland	9.422	9.076	9.405
Japan	7.677	6.732	8.196
Italien	5.853	5.653	5.655
Frankreich	5.879	5.883	5.610
Spanien	3.211	3.253	3.706
Großbritannien	2.961	2.899	2.821
Niederlande	1.048	1.277	1.765
Polen	2.066	1.935	1.706
Österreich	1.049	1.196	1.228

Abbildung 9: Kaffee Exporte und Importe (Quelle: Deutscher Kaffeeverband 2013 S. 4)

Hauptkaffeeimporteur ist mit großem Abstand zu den USA die EU mit rund 42 Millionen Sack Rohkaffee à 60kg. Der Blick auf die Export- und Importstatistiken zeigt, dass der Kaffee hauptsächlich von den Industrienationen aus den Entwicklungsländern importiert wird. Des Weiteren wird erneut die große Abhängigkeit der Entwicklungsländer von den Kaffeeexporten und somit von den Industrieländern deutlich. Welche Probleme für die Entwicklungsländer dabei entstehen zeigt ein Blick auf die Entwicklung der Rohkaffeepreise auf dem Weltmarkt der letzten Jahre (Abbildung 10).

ICO-INDIKATORPREISE FÜR ROHKAFFEE
(Jahresdurchschnittswerte in US-cts/lb)

Jahr	Other Mild Arabicas	Robusta	Composite Indicator Price
1970	52,01	41,44	50,52
1980	154,20	147,15	150,67
1990	89,46	53,60	71,53
2000	87,07	41,41	64,24
2001	62,28	27,54	45,59
2002	61,52	30,01	47,74
2003	64,20	36,95	51,90
2004	80,47	35,99	62,15
2005	114,86	50,55	89,36
2006	114,40	67,55	95,75
2007	123,55	86,60	107,68
2008	139,78	105,28	124,25
2009	143,84	74,58	115,67
2010	195,96	78,74	147,24
2011	271,07	109,21	210,39
2012	186,47	102,82	156,34
2013	139,53	94,16	119,51
März 2014	214,09	105,37	165,03

Abbildung 10: ICO-Indikatorpreis für Rohkaffee (Quelle: Deutscher Kaffeeverband 2013 S. 8)

In der Tabelle ist in den mittleren zwei Spalten der Preis für die beiden wichtigsten Kaffeesorten, Arabica und Robusta, aufgezeigt, sowie in der rechten Spalte der Indikatorpreis für Rohkaffee insgesamt. Beim Indikatorpreis, ermittelt von der Internationalen Kaffeeorganisation (ICO) in London, handelt es sich um einen gewichteten Durchschnittspreis, da es „den" Kaffeepreis durch die verschiedenen Faktoren, die diesen beeinflussen, nicht gibt. Der Durchschnittspreis wird aus den Preisen der am meisten gehandelten Kaffeequalitäten an den verschiedenen Kaffeehandelsplätzen der Welt ermittelt.[25]

Der Weltmarktpreis für Kaffee unterliegt extremen Schwankungen, insbesondere seit dem Zusammenbruch des letzten Kaffeeabkommens zwischen den Kaffee produzierenden und den Kaffee verbrauchenden Ländern im Jahr 1989. Nach diesem Einschnitt sank der Kaffeepreis drastisch mit einem absoluten Tiefpreis 2001 von bis zu unter 50 US Cents pro englischem Pfund Rohkaffee. Der Grund für den Preissturz war ein Kaffeeüberangebot, verursacht durch Produktionssteigerungenin den Produzentenländern bei sinkender Nachfrage in den Industriestaaten (Abbildung 11). Ab 2002 stieg der Preis für Kaffee wieder und erreichte 2011 seinen vorläufigen Höhepunkt mit rund 210 US Cents pro englischem Pfund Rohkaffee. Der hohe Preis täuscht jedoch über die Krise hinweg, in der sich die weltweite Kaffeeproduk-

[25]Vgl. Deutscher Kaffeeverband 2013 S. 7

tion befindet. Von dieser Krise betroffen sind vor allem die Kleinbauern in den Entwicklungsländern. Durch die instabilen Preise für Kaffee am Weltmarkt haben die Bauern kein sicheres Einkommen und leben deswegen häufig am Existenzminimum. Neben der großen Exportabhängigkeit und dem schwankenden Weltmarktpreis für Kaffee gibt es noch weitere Probleme für Entwicklungsländer. In der Regel wird der Kaffee als unverarbeitetes Produkt exportiert. Gründe hierfür liegen häufig im enormen Kapitalaufwand. Kleinbauern in Entwicklungsländern können es sich nicht leisten, kapitalintensive Anlagen zur Herstellung von Röstkaffee zu kaufen. Außerdem muss der Röstkaffee während des Transports speziell verpackt werden, damit er sein Aroma behält. Diese aufwändigen Verpackungs- und Transporttechnologien sind sehr kapitalintensiv.[26] Des Weiteren haben viele Industrieländer hohe Importzölle auf bereits verarbeiteten Kaffee errichtet. Diese erreichen oft das Vierfache der Rohkaffeezölle und stellen somit für Entwicklungsländer ein großes Problem dar.[27] Nicht zuletzt sind die schwieriger werdenden klimatischen Bedingungen und der Krankheitsbefall der Pflanzen sowie der verstärkte Konkurrenzdruck bei der Beschaffung von qualitativ hochwertigem Kaffee zu nennen. All diese Schwierigkeiten und Hindernisse beeinflussen das Leben der Bauernfamilien in den Entwicklungsländern in hohem Maße und sind verantwortlich für die vorherrschende Armut und die schlechte Ernährungssituation.

Aufgrund dessen, dass Kaffee für die meisten Entwicklungsländer das wichtigste Rohstoffexportgut ist, die Welthandelssituation jedoch denkbar schlecht ist, hat die FLO reagiert und den Kaffee zum ersten Fair Trade gesiegelten Produkt gemacht.

4.2. Fair gehandelter Kaffee

Die Kaffeenachfrage steigt kontinuierlich an, weshalb es in den letzten Jahren des Öfteren zu Engpässen kam, da die Rohkaffeeproduktion naturbedingt starken Schwankungen unterliegt.

---

[26] Vgl. ARD 2014
[27] Vgl. Baum/ Offenhäußler 1994 S. 63

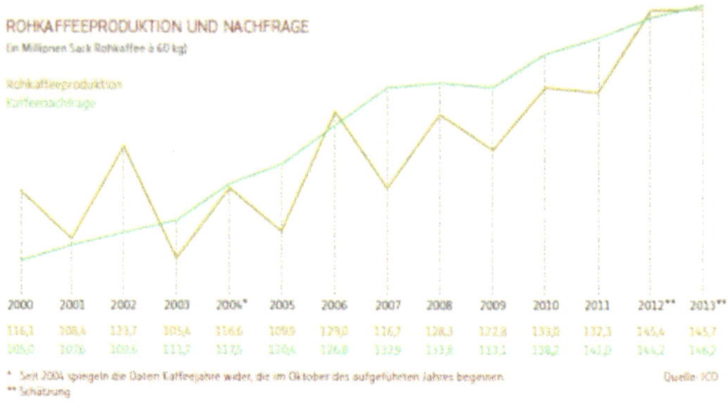

Abbildung 11: Rohkaffeeproduktion und Nachfrage (Quelle: Deutscher Kaffeeverband 2013 S. 2)

Anhand von Abbildung 11 ist zu erkennen, dass es 2000 und 2002 eine Überproduktion von Kaffee gab, die Nachfrage in den letzten 10 Jahren von 2003 bis 2013 jedoch meist über der Kaffeeproduktion lag. Die Nachfrage nach Fair Trade Kaffee und der Konsum haben ebenfalls in den letzten Jahren deutlich zugenommen.[28] Doch was genau bedeutet Fair Trade Kaffee?

Kaffee ist das erste und wichtigste Produkt, das nach definierten Fair Trade Standard-Bedingungen auf dem Markt gehandelt wird. Diese Standards beinhalten die oben bereits erwähnten drei Bereiche Ökologie, Ökonomie und Soziales und sind in diesem Fall auf den Kaffeehandel ausgelegt. Das bedeutet, dass es einen Zusammenschluss in Kooperative mit demokratischen Strukturen gibt, um politisch unabhängig zu sein und gemeinsame Interessen vertreten zu können. Die Kleinbauern sind dazu verpflichtet, bei ihrer Arbeit die von Fair Trade vorgegebenen Umweltstandards einzuhalten und es ist strengstens verboten, Zwangs- und Kinderarbeit durchzuführen.

Damit die Bauern sich Werkzeuge leisten und die Ernte sichern können sind Vorfinanzierungen möglich. Der wichtigste Standard, den Fair Trade garantiert ist der stabile Mindestpreis und die damit verbundene Prämie. Die Firmen schließen unter Ausschaltung von Zwischenhändlern Direktverträge mit den Kleinproduzenten ab, wobei der Preis für den Kaffee über dem Weltmarktniveau liegt.[29]Jeder Sack Kaffee wird in der Kooperative einzeln gewogen und auf dem Fair Trade Konto von dem jeweiligen Bauern verbucht; dieses garantiert einen Festpreis trotz möglicherweise schwankendem Weltmarktpreis. Dass der Preis für Kaffee keinesfalls ein Festpreis ist, zeigt auch ein Blick auf die Kaffeebörse in Nairobi. Hier treffen

[28]Vgl. Deutscher Kaffeeverband 2013 S. 2
[29]Vgl. Baum/ Offenhäuser 1994 S. 96

sich einmal in der Woche Vertreter der führenden Kaffee-Unternehmen der Welt und legen einen Preis fest. Die großen Handelshäuser interessiert meist nur die Qualität des Kaffees. [30] 90% des Kaffees werden dann zu dem Tagespreis versteigert, nur für Fair Trade Kaffee gibt es einen Festpreis der knapp über dem Weltmarktniveau liegt, was das folgende Schaubild verdeutlicht.

Abbildung 12: Kaffeepreisentwicklung (Quelle: Transfair e.V. 2012a S. 41)

Auch wenn der Preis für Kaffee an der Börse in New York auf unter 60 US Cents sinkt wie zum Beispiel im September 1992, bleibt der Fair Trade Kaffeepreis auf einem konstanten Niveau bei 120 US Cents. Übersteigt der Preis an der Börse diesen Festpreis vom Fair Trade Kaffee, dann steigt auch dieser Preis. Somit liegt der Fair Trade Kaffeepreis immer geringfügig über dem Weltmarktpreis für Kaffee und sichert vor allem bei sinkenden Weltmarktpreisen den Kleinbauern in den Kooperativen ihre Existenz.

Inzwischen gibt es in Deutschland rund 300 Fair Trade Kaffeeprodukte von rund 100 verschiedenen Anbietern. 78% davon tragen zusätzlich das Bio-Siegel, welches auf nachhaltigen Kaffeeanbau hinweist.[31] Achten die Kooperativen darauf, dass ihr Kaffee ökologisch und nachhaltig angebaut wird, bekommen sie zusätzlich eine Bioprämie. Diese Prämie soll die Mehrkosten der Bioproduktion berücksichtigen und einen Anreiz für die Umstellung auf Bio

[30]Vgl. ARD 2014
[31]Vgl. Transfair e.V. 2013 S. 14

bzw. die Aufrechterhaltung einer Biozertifizierung darstellen. Somit sind viele fair gehandelte Produkte auch gleichzeitig Bioprodukte, was jedoch nicht bedeutet, dass alle Produkte, die das Fair Trade Siegel tragen unter ökologisch unbedenklichen Bedingungen angebaut wurden.

Die Nachfrage nach fair gehandeltem Kaffee wächst stetig. 2010 wurden in Deutschland 7.218 Tonnen Fair Trade Kaffee verkauft, ein Zuwachs von 28% zum Vorjahr. Kaffee ist und bleibt in Deutschland weiterhin das wichtigste Fair Trade Produkt mit der größten Angebotsvielfalt: Über 33.000 Supermärkte, Bio- und Weltläden sowie 18.000 Gastronomiebetriebe bieten Fair Trade Kaffee an.[32]

Nachdem die Fair Trade Organisation am Beispiel des Kaffees erläutert und festgestellt wurde, dass in Deutschland ein eindeutiger Trend hin zu Fair Trade Kaffee zu erkennen ist und dass das Bewusstsein für Nachhaltigkeit steigt, werden im letzten Teil dieser Arbeit die daraus resultierenden Chancen und Probleme für die Kleinbauern in den Entwicklungsländern diskutiert. Außerdem folgt ein Ausblick darauf, wie man sich selbst im Sinne der Nachhaltigkeit engagieren kann.

5. Probleme und Chancen von Fair Trade

5.1. Gelten die Kleinbauern in den Entwicklungsländern als Gewinner des fairen Handels?

Das Ziel vom Fairen Handel ist deutlich geworden, doch sind die Kleinbauern in den Entwicklungsländern wirklich langfristig Gewinner von diesem System? Und falls nicht, was für Probleme können sich ergeben? Diesen Fragen gilt es im kommenden Kapitel nachzugehen.

Es ist bisher offensichtlich geworden, dass gegen das vorherrschende Ungleichgewicht zwischen Industrie- und Entwicklungsländern etwas unternommen werden muss. Aus diesem Grund ist es als positiv anzusehen, dass Fairtrade International sich diesem Problem angenommen hat. Positiv hervorzuheben ist, dass die Organisation mit ihrem System schon eine Verbesserung der Situation erzielt hat. Dadurch, dass sie den Kleinbauern die Chance gibt, sich in Kooperativen zusammenzuschließen, wurde das Mitspracherecht auf Seiten der Bauern vergrößert und es ist ihnen möglich, sowohl ihre Existenzen zu sichern, als auch darüber hinaus weitere Projekte ins Leben zu rufen. Ausschlaggebend sind hierbei selbstverständlich der Mindestpreis und die Fair Trade Prämie. Durch den Mindestpreis gelingt es den Kooperativen erst, am Weltmarkt teilzunehmen und ihre Ernte zu sichern und zu optimieren. Die Prämie wird vor allem dazu genutzt, das Leben in den Dörfern zu verbessern, z.B. durch den

[32] Vgl. Transfair e.V. 2012b S. 12

Bau von Schulen und Brunnen. Darüber hinaus wird die Prämie auch dazu genutzt, Projekte aufzubauen, die den Bauern helfen, ihr Know-how zu verbessern und nachhaltig anzubauen. Sie entwickeln ein besseres Verständnis von der Funktionsweise des Weltmarktes, ihnen wird nahe gelegt, ihren Anbau auf ökologischen Anbau umzustellen und sie bekommen das benötigte technologische Wissen vermittelt. All dies soll sie dazu befähigen, ihre Produkte später auch über den konventionellen Handel verkaufen zu können. Allerdings lässt sich feststellen, dass nur einem kleineren Teil von Produzenten der Zugang zu den konventionellen Märkten auch tatsächlich gelingt. Viele Produzenten sind langfristig auf die Hilfe von den Fair Trade Organisationen angewiesen.[33]

Hier ist ein großer ökonomischer Kritikpunkt zu finden. Es stellt sich die Frage, ob sich die Abhängigkeit von den Zwischenhändlern auf die Fair Trade Organisationen verschiebt. Denn sobald die Kooperativen ihren Mindestlohn nicht mehr bezahlt bekommen, befinden sie sich in der gleichen Situation wie vorher und die Abhängigkeit verschiebt sich abermals zu den Zwischenhändlern. Außerdem besteht die Gefahr der Passivität auf Seiten der Produzenten. Solange sie durch den Fairen Handel einen höheren Gewinn erzielen, besteht für sie nicht die Notwendigkeit sich nach anderen, alternativen Absatzwegen umzuschauen. Genauso wenig sehen sie einen Sinn darin, ein weiteres Produkt zu vermarkten, um nicht mehr nur von dem einen Produkt so entscheidend abhängig zu sein.[34] Ebenfalls kann die Fair Trade Prämie ein Problem darstellen, da die Kleinbauern in den Kooperativen selbst wenig finanzielle Mittel zur Verfügung haben und den zusätzlichen Gewinn zur Befriedigung der eigenen Grundbedürfnisse und nicht für soziale Projekte einsetzen. Gleichwohl ist zu fragen, was für Folgen der Faire Handel im Hinblick auf die Kleinbauern der Entwicklungsländer hat, die nicht von Fair Trade Organisationen unterstützt werden. Viele Kritiker befürchten, dass der Faire Handel die Überproduktion an bestimmten Rohstoffen wie zum Beispiel Kaffee vorantreibt. Dieser Kritikpunkt begründet sich auf der Annahme, dass die am Fairen Handel beteiligten Produzenten dazu ermutigt werden, ihre Kaffeeproduktion auszuweiten. Das wiederum würde dazu beitragen, die Weltmarktpreise zu senken, was sich letztendlich nachteilig auf die nicht am Fairen Handel teilhabenden Produzenten auswirken kann. Kritisiert wird ebenfalls die oft nicht vorhandene Transparenz der Preiszusammensetzung bei fair gehandelten Produkten. Die Verbraucher können häufig nicht nachvollziehen, wer in der Handelskette welchen Anteil am Mehrpreis erhält.[35] Genauso wenig transparent ist, in welchem Maße das eigentliche „Ziel", das ein Verbraucher anstrebt, wenn er ein Fair Trade Produkte kauft, nämlich die Kleinbauern mit dem Mehrwert der Ware zu unterstützen, erfüllt wird. Es hat sich herauskristallisiert, dass der Faire Handel für die Kleinbauern in Entwicklungsländern auch

[33] Vgl. von Hauff/ Claus 2013 S. 178
[34] Vgl. Scholz 2007 S. 24
[35] Vgl. Bouillon 2013

einige negative ökonomische Auswirkungen haben kann. Die Abhängigkeit der Produzenten von den Fair Trade Organisationen stellt dabei einen großen Einflussfaktor dar.

Basierend auf dieser Abhängigkeit wird ein soziales Problem deutlich. Für die Kleinbauern in den Kooperativen bedeutet der Faire Handel meist nur einen höheren Preis und bessere Löhne. Welchen Stellenwert sie in der Handlungskette einnehmen und dass sie durch größeres Interesse auch ihr Mitspracherecht steigern können, ist ihnen oft nicht bewusst. Kinderarbeit ist in den Entwicklungsländern ebenfalls ein immer noch weit verbreitetes soziales Problem.[36] Positiv fällt auf, dass durch den Fairen Handel und die damit verbundene Umstellung auf nachhaltigen Anbau keine weiteren negativen ökologischen Folgen zu nennen sind.

Nach der ausführlichen Betrachtung der drei Säulen des Fairen Handels lassen sich positive und negative Auswirkungen des Konzepts auf die Situation der Kleinbauern in den Entwicklungsländern feststellen. Sie profitieren durchaus vom Konzept des Fairen Handels, jedoch weist die ökonomische Dimension einige gravierende Schwächen auf. Die Gefahr der Kommerzialisierung des Fairen Handels durch zunehmende Ausrichtung auf Massenmärkte und die Zusammenarbeit mit großen Konzernen steht weiterhin im Raum.

6. Fazit

Viele Menschen sind sich der Ungleichheiten, die zwischen Industrie- und Entwicklungsländern herrschen, bewusst und der Wunsch, etwas dagegen zu unternehmen, kommt immer öfter auf. Bereits 80% der Konsumenten in Deutschland kennen das Fair Trade Siegel und sogar 98% davon schenken ihm Vertrauen.[37] Der Trend der letzten Jahre zeigt wachsendes Engagement sowohl auf Verbraucherseite als auch im Handel. 20.000 gastronomische Betriebe in Deutschland bieten Fair Trade Kaffee an. Außerdem sind mittlerweile rund 4.000 Produkte mit dem Fair Trade Siegel erhältlich vor allem in den rund 800 Weltläden. Weltläden sind die ersten gemeinnützigen Fachgeschäfte, in denen nur fair gehandelte Produkte verkauft werden. Mittlerweile werden jedoch auch immer mehr Fair Trade Produkte in Supermärkten und Discountern verkauft. Um hier den Überblick zu bewahren, sind die Produkte an einer Reihe von fairen Produktsiegeln erkennbar. Das Fair Trade Siegel ist eines davon. Im Verlauf der Arbeit wurde herausgestellt, dass die Ziele und Standards von Fair Trade International weitestgehend erreicht werden. Vor allem aus ökologischer und sozialer Sicht ist das Konzept des Fairen Handels durchaus positiv zu bewerten. Im Hinblick auf die ökonomischen Standards und damit vor allem auf den Mindestpreis gibt es jedoch noch einiges zu verbessern. Zentrale Probleme, wie die Abhängigkeit vieler Produzenten von den Fair-

---

[36]Vgl. von Hauff/ Claus 2013 S. 191

[37]Vgl. Transfair e.V.2012a S. 28

Handelsgesellschaften, die Transparenz der Preise und die allgemeine Entwicklung des Welthandels hinsichtlich der drei Wirtschaftssektoren, sind Herausforderungen mit denen sich Fair Trade in näherer Zukunft auseinandersetzen muss. Dennoch ist die Einführung sozialer und ökologischer Standards und die Stärkung der Kleinbauern in den Entwicklungsländern als positiv zu bewerten. Allerdings darf der Faire Handel nicht als Konzept angesehen werden, welches auf den gesamten Handel mit den Entwicklungsländern angewendet werden kann. Es ist ein erster großer Schritt in die richtige Richtung; jedoch besteht noch Potenzial, das Konzept des Fairen Handels auszubauen und zu optimieren, umso eine größere Anzahl an Kleinbauern in den Entwicklungsländern zu erreichen. Am wichtigsten hierbei ist allerdings zu wissen, dass eine Organisation wie Fair Trade International oder auch Fair Trade Deutschland ohne das Bewusstsein für nachhaltigen Konsum auf Seiten der Verbraucher nicht funktionieren würde.

Das Engagement jedes Einzelnen kann zu einer signifikanten Verbesserung der aktuellen Situation beitragen. Verbraucher können zum Beispiel beim Einkaufen darauf achten, welche konventionell gehandelten Produkte durch Fair Trade Produkte ersetzt werden können. Es gibt mittlerweile nicht nur Fair Trade Kaffee, sondern zahlreiche weitere Produkte wie Gebäck, Gewürze, Brotaufstriche und noch vieles mehr, die Fair Trade zertifiziert sind. Auch bei einem Kaffee oder Kakao „To Go" bieten sich viele Möglichkeiten, Kaffee aus dem Fairen Handel zu bekommen. In Deutschland bieten immer mehr gastronomische Betriebe Fair Trade Produkte an. Einer davon ist Starbucks; hier wird ausschließlich Fair Trade Espresso für die Getränke verwendet.[38] Möchte man sich darüber hinaus engagieren und informieren gibt es zum Beispiel Veranstaltungen wie die Kaffee Pause Fair, die Fair Trade Woche oder das Fair Trade Frühstück. Hierbei handelt es sich um öffentliche Veranstaltungen rund um das Thema Fair Trade. Die Möglichkeiten, sich über den Fairen Handel zu informieren und Fair Trade Produkte zu bekommen, weiten sich immer mehr aus. Sicherlich kann man in diesem Zusammenhang die Kritik anbringen, dass es – vor allem durch den Vertrieb der Produkte in den großen Supermarktketten– eine Integration in den Mainstream gegeben hat und dass es in diesem Zusammenhang viele Siegel gibt, die nicht einhalten was sie versprechen. Jedoch sollte man ebenfalls bedenken, dass auch eine Organisation wie Fair Trade International engagierte Mitarbeiter und Verbraucher benötigt, mit deren Hilfe sie das Bewusstsein für den Fairen Handel verbreiten und stärken kann. Diese Organisation lebt davon, dass so viele Menschen wie möglich sie kennen und ihr Vertrauen schenken. Solange sie ihre Ziele einhält und viele Kleinbauern in den Entwicklungsländern als Gewinner hervorgehen, gilt es dies zu unterstützen.

[38]Vgl. Transfair e.V. 2012b S. 26

LITERATURVERZEICHNIS

ARD (2014): *Kenia: Wie fair ist der faire Kaffee-Handel?* http://www.daserste.de/information/politik-weltgeschehen/weltspiegel/sendung/wdr/weltspiegel-19012014-100.html (25.07.2014).

Baum, Holger/ Offenhäußer, Dieter (1994): *Kaffee. Armut – Macht – Märkte. Ein Produkt und seine Folgen.* Bad Honnef: Horlemann.

BMZ (2014a): *Die Welthandelsorganisation (WTO).*http://www.bmz.de/de/was_wir_machen/themen/wirtschaft/welthandel/welthandelssystem/WTO/index.html (02.08.2014).

BMZ (2014b): *Doha-Runde.* http://www.bmz.de/de/was_wir_machen/themen/wirtschaft/welthandel/welthandelssystem/WTO/doha_runde.html (02.08.2014).

Bouillon, Barbara (2013): *Wie fair ist Fair Trade?* http://future.arte.tv/de/thema/wie-fair-ist-fairtrade#article-anchor-4251(31.07.2014).

Deutscher Bundestag (2002): *Globalisierung der Weltwirtschaft.* Opladen: Leske und Buderich.

Deutscher Kaffeeverband (2013): *Kaffeemarkt 2013.* http://www.kaffeeverband.de/presse/zahlen-daten-fakten (07.08.2014).

Dieckheuer, Gustav (2001): *Internationale Wirtschaftsbeziehungen.* 5. Auflage. München: Oldenbourg Verlag.

Fair Trade e.V. (2001): *Im Zeichen der Nachhaltigkeit.* 2. Auflage. Wuppertal.

FLO-CERT (2014): ISO 65. *http://www.flo-cert.net/fairtrade-services/fairtrade-certification/iso-65/ (*07.08.2014).

Frankfurter Allgemeine Zeitung (2014): *Warum Indien das Handelsabkommen ablehnt.* http://www.faz.net/aktuell/wirtschaft/warum-indien-das-wto-handelsabkommen-ablehnt-13076439.html (17.08.2014).

Giese, Ernst/ Mossig, Ivo/ Schröder, Heike (2011): *Globalisierung der Wirtschaft.* Konstanz und München: UVK Verlagsgesellschaft .

Glania, Guido (1997): *Das Welthandelsgut Kaffee.* Frankfurt am Main: Verlag Peter Lang GmbH.

Hecklau, Hans (1989): *Ostafrika. Kenya, Tanzania, Uganda.* Band 33 Wissenschaftliche Buchgesellschaft Darmstadt.

Kaufmann- Hayoz, Ruth (2011): *Wesen und Wege nachhaltigen Konsums.* München: Oekom Verlag.

Latz, Wolfgang (2007): *Diercke Geographie.* Braunschweig: Westermann Verlag.

Leser, Hartmut (2011): *Diercke Wörterbuch Geographie.* 15. Auflage. Braunschweig: Westermann Verlag.

Neuberger, Günter (1999): *Zum Beispiel Kaffee.* 5. Auflage. Göttingen: Lamuv Verlag GmbH.

Ottowitz, Taciana Valio (1997): *Verbraucherverhalten bei fair gehandeltem Kaffee.* Frankfurt am Main: Verlag Peter Lang GmbH.

Scholz, Fred (2007): *Diercke Spezial. Entwicklungsländer.* Braunschweig: Westermann Verlag.

Transfair e.V. (2012a): *Fair Trade wirkt. Gemeinsam für eine bessere Zukunft.* http://www.fairtrade-deutschland.de/fileadmin/user_upload/materialien/download/2012_Vereinsbroschuere_FAIRTRADE_WIRKT.pdf (22.08.2014)

Transfair e.V. (2012b): *Präsentation Fair Trade Kaffee.* http://www.fairtrade-deutschland.de/fileadmin/user_upload/materialien/download/2012_Praesentation_Fairtrade_Kaffee.pdf (18.08.2014)

Transfair e.V. (2013): *Fair Trade Statement Kaffee.* http://www.fairtrade-deutschland.de/fileadmin/user_upload/ueber_fairtrade/fairtrade-themen/fairtrade_statement_Kaffee.pdf (18.08.2014)

Transfair e.V. (2014): *Jahresbericht 2013/2014.* http://www.fairtrade-deutschland.de/fileadmin/user_upload/materialien/allgemein/transfair_jahresbericht_2013_2014.pdf (16.08.2014)

Von Hauff, Michael/ Claus Katja (2013): *Fair Trade.* 2. Auflage. Konstanz und München: UVK Verlagsgesellschaft.